JN336775

ナマズ

育てて、しらべる
日本の生きものずかん 12

監修　前畑政善　滋賀県立琵琶湖博物館
　　　　　　　　名誉学芸員
撮影　若田部美行
絵　　Cheung*ME

集英社

もくじ

ナマズっておもしろいんだよ…4

体(からだ)のつくりを見(み)てみよう…6

日本(にほん)にすむナマズのなかま…8

外国(がいこく)にすむナマズのなかま…12

おてらのふるいけにナマズが出(で)た…18

もうすぐ赤(あか)ちゃんがうまれるよ…20

ひげが大(だい)かつやく…26

出てくるナマズのなかま

日本にすむナマズのなかま
ナマズ（マナマズ）…8
イワトコナマズ…10
ビワコオオナマズ…10
ギギ…11
ネコギギ…11
アカザ…11

外国にすむナマズのなかま
レッドテールキャット…12
ブッシープレコ…13
ロイヤルプレコ…13
オレンジフィンカイザープレコ…13
コリドラス・ステルバイ…14
コリドラス・アエネウス…14
コリドラス・パンダ…14
バンジョーキャット…15
タイガー・ショベルノーズキャット…15
フェザーバーベルキャット…16
サカサナマズ…16
トランスルーセント・グラスキャット…17
パールム…17
チャカ・チャカ…17

ナマズの一日…28
ナマズの一年…30
ナマズをさがしにいこう…32
ナマズをかってみよう…34
ナマズおもしろちしき…36

ナマズっておもしろいんだよ

ころんとした丸い頭に、大きな口と長いひげ。
ナマズには、ふしぎな ひみつがたくさん。

大きい口で なんでも食べるよ！

ナマズはとっても食いしんぼう。口に入るえさなら、なんでも食べちゃうよ。

ナマズは むかしから、平地の川やぬまなどでくらしています。雨の多い5月から6月になると、近くの田んぼや用水路に のぼってきて産卵します。
ナマズの体は ほかのさかなとちがいウロコがなくて、ヌルヌルしています。口ひげにもいろんなひみつがあります。ナマズのこともっと知れば、みぢかにかんじるでしょう。

昼ひるまは、のんびり おやすみするけど、夜よるになると、えさを さがして うごきだすんだ。

体のつくりを見てみよう

ナマズの体の とくちょうは、べんりなひげと大きな口。

はな
水の中の においを かんじるよ。えさのありかを知るときにも、かつやくするんだ。

ひげ
ひげで さわって、えさを たしかめるよ。えさの場所がとおいか近いかも、わかるんだ。

むなびれ
むなびれのとげで、オスとメスを見わけるよ。およぐ むきをかえる ときに つかうんだ。

目
丸くて小さいね。近くのものは見えるけど、とおくのものは あまり見えないんだ。

口
大きな口で、えさをのみこむよ。口の中には、こまかい歯が いっぱい はえてるぞ。

歯がいっぱい！
からのかたいエビも、この歯でとらえて食べちゃうぞ。

そくせんき
水のゆれや、ながれを かんじるよ。えさのうごきを知るのにも べんりなんだよ。

おしり

うんちを出すところと、たまごをうむところがべつべつに あるんだよ。

- たまごをうむところ
- うんちを出すところ

オスとメスの ちがい

オス **メス**

むなびれにひらたくて大きなギザギザのとげがあるのがオスだよ。

せびれ

体をまっすぐに すすめたり、よこに ゆれないために、じょうずに つかうよ。

しりびれ

左右に じょうずにふって、前にすすんだり、うしろにもどったりするよ。

はらびれ

およぐときに、体のあんていを とるためにつかう。どうぶつのうしろ足と同じだよ。

日本にすむナマズのなかま

日本のなかまは9しゅるいだよ。
そのうち6しゅるいをしょうかい。

体がヌルヌルしているよ
ナマズ（マナマズ）

生息地域／日本、朝鮮半島、中国、ベトナム
全長／60cm

むかしから日本にすんでいるよ。ウロコのない体に、長いひげが　とくちょう。

水のながれが ゆるやかな小川やどろ、水草がたくさんある ぬまや池にもすんでいるよ。

びわこにすむなかま

びわこには、めずらしい
ナマズのなかまがいるよ。

びわこ
日本最大の湖で、滋賀県に ふった雨は、ほとんど びわこに ながれこむんだ。

とびでた目が おもしろい！
イワトコナマズ

生息地域／琵琶湖、余呉湖
全長／55〜60cm

岩のわれ目にいる えさを見つけるために、目が頭のよこについているんだよ。

大きな体が じまんだよ
ビワコオオナマズ

生息地域／琵琶湖
体長／95〜100cm

日本のナマズのなかで、いちばん大きくなるんだ。びわこにしか すんでいないよ。

そのほかのなかま

日本(にほん)には、まだまだなかまがいるんだぞ。

ギーギーと音(おと)を出(だ)すぞ
ギギ

生息地域(せいそくちいき)／本州(ほんしゅう)、四国(しこく)
全長(ぜんちょう)／25〜30cm

むなびれの とげをうごかして、音(おと)を出(だ)すんだ。ハゲギギともよばれているよ。

©桜井淳史（提供／ネイチャープロダクション）

日本(にほん)の天然記念物(てんねんきねんぶつ)
ネコギギ

生息地域(せいそくちいき)／伊勢湾(いせわん)にそそぐ河川(かせん)
全長(ぜんちょう)／10〜15cm

数(かず)が少(すく)ないから、めったにつかまらない。とてもめずらしいナマズのなかまだよ。

©森 文俊（提供／ネイチャープロダクション）

8本(ほん)のひげをもつよ
アカザ

生息地域(せいそくちいき)／本州(ほんしゅう)、四国(しこく)、九州(きゅうしゅう)
全長(ぜんちょう)／5〜10cm

アカザのすみやすい場所(ばしょ)が少(すく)なくなって、ぜつめつしそうと、しんぱいされているよ。

©秋山信彦（提供／ネイチャープロダクション）

外国にすむナマズのなかま

外国には、かわった形や色のなかまがたくさんいる。どんな なかまがいるかな。

ひとなつっこいよ

日本のナマズに すこしにているけれど、体のもようが ぜんぜんちがうね。

かわいい にんきもの
レッドテールキャット

生息地域／アマゾン水系（南アメリカ）
全長／115〜120cm

くりっと大きな目に ちゅうもく。体は大きくなるけど、ヒトがすきで よくなつくよ。

12

きゅうばんがあるなかま

岩や木に ついたコケが大すき。口のきゅうばんで すいついて食べるよ。

口のまわりに、ひげがたくさん
ブッシープレコ

生息地域／アマゾン水系（南アメリカ）
全長／5〜10cm

かたくてザラザラな ウロコをもっているよ。ひげの数なら、ほかの なかまにまけないぞ。

強いきゅうばんを もってるぞ
ロイヤルプレコ

生息地域／コロンビア
全長／35〜40cm

木や水そうに くっつく力が強いぞ。木をか じって、けずったりもするんだよ。

水玉もようがおしゃれ
オレンジフィンカイザープレコ

生息地域／シングー川（ブラジル）
全長／25〜30cm

ながれのはやい、シングー川の中流にすむよ。せびれの黄色もはでだね。

ほら、この口のきゅうばんで、木にしっかりとはりつくんだ。

よろいみたいな体のなかま

ウロコが、まん中から上下２れつにならんでいる。まるで、よろいのよう。

えさとりの　めいじん
コリドラス・ステルバイ

生息地域／グアポレ川（ボリビア）
全長／6〜7cm

下にある口で、川ぞこのえさを　食べるよ。
オレンジ色のむなびれが　カラフルだね。

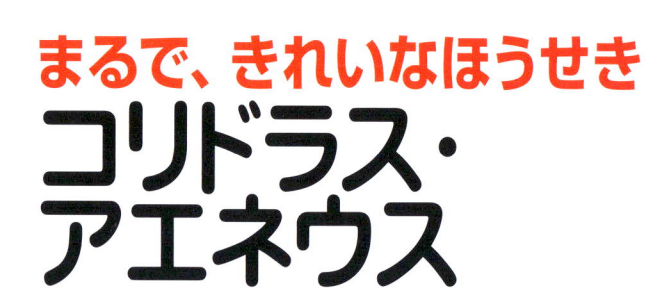

まるで、きれいなほうせき
コリドラス・アエネウス

生息地域／アマゾン水系、パラグアイ水系（南アメリカ）
全長／6〜7cm

きらきらひかる体が　すてきだね。地域ごとに
いろんな　がらがあるんだよ。

パンダにそっくり！
コリドラス・パンダ

生息地域／ウカヤリ川（ペルー）
全長／4〜5cm

目のまわりと体の黒いもようがパンダみたい。
とっても　おくびょうな　せいかくだよ。

14

おもしろいかおのなかま

外国には、ちょっとおかしな　かおのナマズのなかまが　たくさんいるよ。

アマゾンの ひらべったいやつ

生息地域／アマゾン水系（南アメリカ）
全長／8〜10cm

バンジョーキャット

体の形が　がっきのバンジョーそっくり。おちばが　つみかさなった川のそこに　すむよ。

とくちょうは 長いかお

生息地域／アマゾン水系、パラグアイ水系（南アメリカ）
全長／80〜100cm

タイガー・ショベルノーズキャット

長いかおが　まるでスコップのよう。おとなになると、体のもようは　しましまになるよ。

そのほかのなかま

まだまだ外国には、おもしろいナマズのなかまがいるよ。

口の中で子どもを まもる
フェザーバーベルキャット

生息地域／タンガニーカ湖（アフリカ）
全長／8～10cm

口の中で、たまごを ふ化し、育てるよ。はねのような ひげの先も とくちょうだね。

せおよぎがとくい
サカサナマズ

生息地域／ザイール水系（アフリカ）
全長／7～10cm

水めんに おちたり、はっぱのうらがわについた小さな生きものを食べるため、さかさまに およぐよ。

とうめいな体がみりょく

生息地域／インドネシア、タイ（東南アジア）
全長／8〜10cm

トランスルーセント・グラスキャット

体がすけているぞ。見た目はまったくちがうのに、日本のナマズのしんせきなんだよ。

でっかく育つよ
パールム

生息地域／チャオプラヤ水系、メコン水系（東南アジア）
全長／250〜300cm

おとなになると　せびれが長くなり、体も黒くなる。大きいのだと300cmにもなるんだ。

カエルみたいな口
チャカ・チャカ

生息地域／インド、バングラデシュ（南アジア）
全長／25〜28cm

南アジアに　すむよ。およぎが　とくいじゃないから、まちぶせして　えさを　とるんだ。

17

おてらの　ふるいけに
ナマズが出た

大きなナマズが
ぽっかりうかんで
こっちを見た。
ひげを　ひくひくうごかして、
はなしをしているみたいだぞ。

もうすぐ赤ちゃんがうまれるよ

ナマズは、どんなふうに せいちょうするかな。さぁ、さっそく見てみよう。

こどもをのこすためのくふう

こどもをのこすために、たまごを あちこちに ばらまいてうむよ。

たまごは、産卵から2日くらいで ふ化するよ。たまごのからをやぶろうと、たまごのからに体やしっぽをうごかすんだ。

ふ化しそうだぞ

おおっ！

頭が出てきた

たんじょうしようとしているぞ。からをやぶると、いっしゅんで外にとび出していくよ。

はやく およげるように なるといいね

まだ小さいナマズの赤ちゃん。えさを食べてはやく大きくなーれ。

ぴょんぴょん はねる！

生まれてすぐは、うまくおよげないんだ。みんな いっせいにとびはねて、まるで およぎのれんしゅうをしているみたいだね。

おなかのふくろは えいよう

赤ちゃんは、おなかのふくろの中にある えいようをとって大きくなるんだ

1日目

バブー

15日目

30日目

ナマズらしくなってきた

15日たつと、しっかりしたひげと大きな口が目立ってくる。おなかのふくろもなくなって、どうぶつしつのえさを食べるよ。

えさをさがして かっぱつにうごくぞ

体も黒くなって、げんきにおよぎまわるよ。大こうぶつはミジンコだ。

どんどん大きくなるんだ

日がたつにつれて、体に へんかが あらわれてくるよ。

60日目

子どもナマズは ひげが6本
3～4cmくらいの子どものナマズは、上アゴに2本と下アゴに4本の合計6本のひげがあるんだよ。

おとなになると ひげが消えちゃう!?
5～8cmくらいに育つと、下アゴ2本のひげがなくなり、合計4本になるよ。これで、やっと おとなのなかまいり！

90日目

120日目

体のもようも かわってきたぞ
体の色が、黒色から みどり色や黄色がかった茶色になったね。体中に まだらもようも あらわれてきたぞ。

24

150日目

もう いちにん前。大きな口でカエルも のみこんじゃうぞ。じまんのひげも長いだろう。

25

ひげが大かつやく

ぴんとしたり、くねくねしたり、ナマズのひげは大いそがしだよ。

ひげでえさをさがすんだよ

上下に、ひょろひょろ ひげをうごかして、えさをさがすのが とくいだよ。ひげに えさがふれたとたん、すぐにえさをのみこむぞ。ナマズの気もちを知りたいときも、ひげのうごきを見れば わかるよ。

エッヘン！

ぼ〜っ

ひげが、うしろへ だらーんと しているときは、のんびり やすんでいるんだよ。

おやっ!!

あれっ、えさのにおいがするぞ。ひげをすぐに のばして、さがすんだ。

いたっ！

ピーンとなったひげは、かつどうかいしの あいず。えさをさがしにしゅっぱつだ。

26

にげる さかなを おいかけろ。いつも ボーッとしていても、えさを とるのは すばやい。

いきおいよく、水ごと えさを 口に すいこむ。はくりょくまんてんの 食べっぷりだね！

ナマズの一日

まいにち、どんなくらしをしているのかな。のぞいてみよう。

エビが大すき

ナマズは、テナガエビやスジエビが大こうぶつ。タナゴなどの小さいさかなも大すきだよ。

いただきまーす♡

体は大きいのにとってもおくびょう

岩や水草に かくれるのがとくい。ナマズを食べる天てきは、ネコやキツネ。

天てき

まわりのあかるさで体の色がかわるんだ

体の色を まわりのあかるさにあわせてかえるよ。てきに見つからないための ちえなんだ。

たくさん食べるからうんちもデカイ

ナマズは食いしんぼうで、大食い。おなかいっぱい食べるから、うんちもすごいぞ。

エッヘン！

デッカーイ！

ナマズの一年

びわこにすむナマズは、きせつによって、いろんな場所にいどうするよ。

春

冬眠からさめる

あたたかくなると、冬眠から めざめるよ。夜、えさをさがして、およぎまわる。

夏

こいのきせつ

4月のおわりから7月ごろ、びわこの岸べのヨシのしげった場所や、水田に入って産卵するよ。

えさを食べる

ナマズがげんきいっぱいのじきに、夜えさをさがして びわこの岸べをかっぱつに うごきまわるよ。

冬

冬眠する

びわこの ふかいところで、えさをとらずに じっと がまん。きびしい冬を ねむってくらすよ。

秋

いっぱい食べて冬ごしのじゅんび

ゲプッ

パンパン！

冬の前に、たくさんえさをとる。とれなかったナマズは冬や春のはじめにしんでしまうよ。

ナマズをさがしにいこう

産卵のじきの5月はじめから6月ごろに、田んぼや、用水路を のぞいてみよう。

むかしとくらべて、いまはナマズを見つけるのはなかなかたいへんです。まずは、田んぼに行って のうかの人に、ナマズがすんでいるか、きいてみましょう。産卵のじきの6月ごろなら、ナマズの赤ちゃんに出あえるはずです。

ちゅうい
- おとなといっしょに行こう！
- 時間に気をつけてね！

こんなふくそうで行こう
水べには、長ぐつをはいていこう。夜にさがすなら、かいちゅうでんとうと虫よけスプレーもわすれないでもっていこうね。

かいちゅうでんとう

バケツ

はさみうちでキャッチ！

用水路での、ナマズのにげ足は はやいよ。りょう手であみをもって、はさみうちにしよう。にげるのを先まわりしてとるんだ。

赤ちゃんをつかまえよう

赤ちゃんナマズは、おとなのナマズよりも うごきがおそいぞ。田んぼや用水路のそこや水草の中を、あみですくおう。

たもあみ

ながぐつ

33

ナマズをかってみよう

ナマズは水そうで、かんたんにかえるよ。かんさつして、ナマズのことをもっと知ろう！

ナマズは夜行性の生きものです。昼は、じっとしているけれど、夜になると、水そうの中をおよぎまわります。えさをあげるとき、ナマズがよってくることもあります。たくさんのナマズをひとつの水そうでかうと、ケンカするのでやめましょう。

つかまえたえさをあげてみよう

ペットショップのえさのほかにも、ミミズや小さなさかなを あげてみよう。きっとナマズもよろこぶぞ。

水は、こまめにかえよう

水はお日さまに1日あててからつかうか、カルキぬきというクスリを入れよう。

よういするもの

水そう
ナマズがじゆうにおよげるように、60cmくらいの水そうがいいよ。

＋

水草
水をきれいにしてくれるよ。よりかかってやすむのにもいいよね。

＋

水
水道の水をかえるときは、カルキぬきをわすれないよう気をつけて。

＋

すな
水をきれいにしてくれるから、ナマズがびょうきをしにくくなるよ。

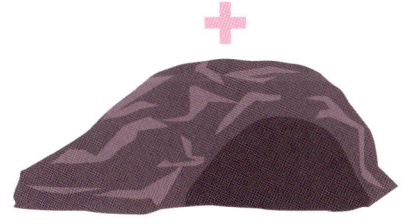

＋

かくれがの石とどかん
ナマズは おくびょうなせいかく。かくれがで あんしんさせよう。

空気ポンプを入れてあげよう

水中に しんせんな空気をおくる、空気ポンプを水そうに入れてあげよう。

ナマズおもしろちしき

巨大なナマズや、おもしろいなかまが いっぱいだね。

ナマズって、なんしゅるい いるの？

日本のナマズのなかま 9しゅ

さかなのしゅるいの10分の1はナマズのなかまなんだよ。世界中には、たくさんナマズのなかまがすんでいるんだね。

ナマズのなかま 2400しゅ

大きなナマズの世界一と日本一？

タイのメコン川にすむブラーブックという、バンガシウス科のナマズが298kgという重さで世界一。日本では、いちばん大きいのが120cmのビワコオオナマズなんだって。

写真提供／AP／WWP

川や池にすむさかなのなかでも、世界でいちばん大きいらしいよ。

36

ナマズの化石ってあるの？

ビワコオオナマズの化石は、やく300まん年前のちそうからはっけんされているんだよ。ビワコオオナマズが、むかしから日本にすんでいたなんてビックリだね。

この化石はビワコオオナマズの頭のいちぶなんだ。

でんきを出す なかまがいるよ

アフリカのデンキナマズは、しゅんかん400ボルトもでんきを出すよ。このでんきで、えさや てきを しびれさせるんだ。ヒトもビリッと かんじるくらいのでんきだぞ。

あいてが しびれてうごけないあいだに食べるなんて頭がいいね。

デンキナマズ

©内山りゅう（提供／ネイチャープロダクション）

日本にすみついた なかまもいるよ

ヒレナマズは外国のナマズのなかまだよ。もともとは日本にすんでいなかったけど、ヒトによって台湾からもちこまれたんだよ。食用のためといわれているんだ。

やく50年いじょう前に、沖縄県の石垣島にやってきたそうだよ。

ヒレナマズ

©森 文俊（提供／ネイチャープロダクション）

ナマズおもしろちしき

まだまだあるよ。ナマズのふしぎ。

ウロコがないのはどうして？

えさをさがすときや　かくれるとき、せまい場所に入りこむのはたいへんなんだ。だからナマズはウロコをぬぎすてて、ヌルヌルした体にかわっていったといわれているよ。

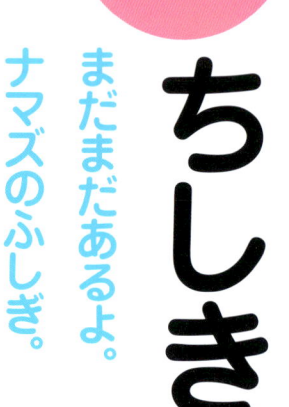

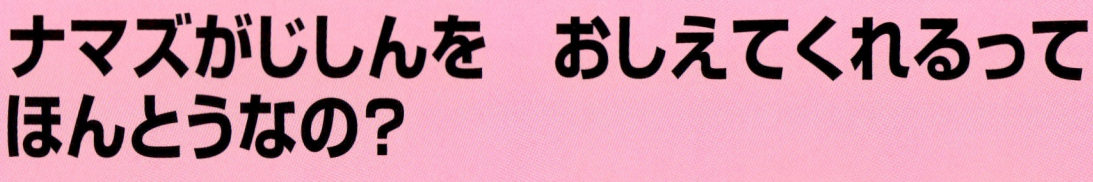

＊つるりんっ＊

ナマズがじしんを　おしえてくれるってほんとうなの？

ナマズは　じしんの前に出る、ちでんりゅうというでんきをかんじるよ。だから、じしんの前にさわぐんだって。

38

目だまがグルッとでんぐり返るよ

ナマズの目だまは、うしろや下をむき、よくうごくよ。あたりをうかがっているのかな。

外国のナマズをはなしたらぜったいダメ

外国のナマズのなかまを川にはなしたりすると、その場所にすむさかなやエビのなかまなどを食べてしまうよ。熱帯のナマズだと冬にしんでしまうんだ。

ナマズはどれくらい生きるの？

自然のなかのナマズは10年くらい生きるといわれているよ。水そうでかうと、もっと長生きできるかもしれないね。

寿命はやく10年

ナマズはへってきているの？

子どもを育てやすい水田が少なくなったり、ブラックバスなどに、ナマズのえさとなるさかなやエビなどを横どりされているよ。日本のナマズたちは数がへってきているんだ。

監修／前畑政善 滋賀県立琵琶湖博物館 名誉学芸員
撮影／若田部美行
絵／Cheung*ME
装丁・デザイン／M.Y.デザイン
（赤池正彦・吉田千鶴子）
編集／エディトリアル・オフィス・ワイズ
（鈴木美貴子）
校閲／鋤柄美幸
取材協力／アクアペット・ジョイ、神畑養魚

育てて、しらべる
日本の生きものずかん　12
ナマズ

2006年2月28日　第1刷発行
2016年6月6日　第2刷発行

監修	前畑政善（まえはたまさよし）
発行者	鈴木晴彦
発行所	株式会社　集英社
	〒101-8050　東京都千代田区一ツ橋2-5-10
	電話　【編集部】03-3230-6144
	【読者係】03-3230-6080
	【販売部】03-3230-6393（書店専用）
印刷所	日本写真印刷株式会社
製本所	加藤製本株式会社

ISBN4-08-220012-6　C8645　NDC460

定価はカバーに表示してあります。
造本には十分注意しておりますが、乱丁・落丁（本のページ順序の間違いや抜け落ち）の場合はお取り替え致します。
購入された書店名を明記して小社読者係宛にお送り下さい。送料は小社負担でお取り替え致します。
但し、古書店で購入したものについてはお取り替え出来ません。
本書の一部あるいは全部を無断で複写・複製することは、法律で認められた場合を除き、著作権の侵害となります。
また、業者など、読者本人以外による本書のデジタル化は、いかなる場合でも一切認められませんのでご注意ください。
©SHUEISHA 2006 Printed in Japan